藏在身边的自然博物馆

植物馆

李青为 主编

张颖 著
宋瑶 刘正一
王安雨 高佳乐 绘

在客厅

童趣出版有限公司编　　人民邮电出版社出版
北　京

图书在版编目（CIP）数据

藏在身边的自然博物馆．植物馆 / 李青为主编 ; 张颖著 ; 宋瑶等绘 ; 童趣出版有限公司编．-- 北京 : 人民邮电出版社，2022.4
ISBN 978-7-115-58370-3

Ⅰ．①藏… Ⅱ．①李… ②张… ③宋… ④童… Ⅲ．①自然科学－少儿读物②植物－少儿读物 Ⅳ．①N49 ②Q94-49

中国版本图书馆CIP数据核字（2021）第254880号

责任编辑：安　洁
执行编辑：王壬杰
责任印制：孙智星
封面设计：韩　旭
排版制作：韩木华　董　雪　王东晶

编　　：童趣出版有限公司
出　版：人民邮电出版社
地　址：北京市丰台区成寿寺路 11 号邮电出版大厦（100164）
网　址：www.childrenfun.com.cn

读者热线：010-81054177
经销电话：010-81054120

印　刷：北京华联印刷有限公司
开　本：889×1194 1/16
总印张：12.25
总字数：250 千字

版　次：2022 年 4 月第 1 版　2022 年 4 月第 1 次印刷
书　号：ISNB 978-7-115-58370-3
总定价：108.00 元（全套 4 册）

序言

中国科学院院士致小读者

人类文明的产生和延续离不开植物，植物是人类社会存在与发展的根基。从古至今，人们的衣食住行、生产生活与植物息息相关。本套丛书从不同角度描绘了人们身边的植物，把“在客厅、在厨房、在郊外、在身上”的相关植物追根溯源，并以温暖的手绘图画的形式呈现给小读者们。

书中“观察笔记”也是不可或缺的部分，在传播知识的同时，作者充分考虑到孩子们喜欢动手探究的特点，把动手实践环节融入其中，增加了本书的科学性和趣味性。

本套丛书以孩子们喜爱的方式展示了生活中形形色色的植物，在突出科学性的同时兼顾了艺术性，是一套值得小读者阅读的科普读物。

主编的话

植物的世界

曾经和一位朋友在微信里聊天，我把喜欢的植物照片与他分享，他笑言："看来植物都差不多，因为都是绿色的。"我想可能大部分不了解植物的朋友都会有类似的感觉，但如果你停下脚步，仔细观察身边的植物，就会发现它们的千姿百态，就能发现一个不一样的世界。

植物的世界是丰富多彩的。有的植物的叶状体（即无真正的根、茎、叶分化的植物体）大约只有 1 毫米宽，比如芜萍；有的植物叶片直径能超过 2 米，如王莲；有的植物花香悠远，如九里香；有的植物花朵臭不可闻，如巨魔芋；有的植物可以高达百米，如巨杉；有的植物只能贴着地面长大，如葫芦藓。

植物的世界是充满智慧的。在漫长的演化过程中，猪笼草叶片的前端长出了一个"捕虫笼"，笼口的蜜露是虫子致命的诱饵，如果不小心掉下去就会被消化得只剩躯壳；酢浆草在公园里很常见，细心的朋友会发现，当果荚成熟后只要有一点儿外力，里面的种子就被弹出去很远，这是酢浆草妈妈为孩子能有更广阔的空间而做出的努力；还有石榴，红红的果实是鸟儿无法抵御的诱惑，易消化的果肉给鸟儿提供了营养，而种子却完好无损地随粪便排出，这些粪便为种子萌发提供了上好的肥料；还有各种“诡计多端”的兰花，为了传宗接代把昆虫骗得团团转……

植物的世界是异常残酷的。绞杀榕的种子有可能被鸟儿带到大树上，一开始长得很慢，但等到它的根接触到大地后一切就已经注定。无数逐渐增粗的根限制了附生大树的生长空间，枝叶几乎遮盖了所有阳光，若干年后被攀附的大树消失，绞杀榕取而代之……菟丝子则更加直接，种子在土中萌发，遇到寄主则缠绕而上，茎上长出“吸器”，直接吸取寄主的水分和养分；还有植物界的“杀手”紫茎泽兰，凭着巨大的后代数量与神秘的化感物质，摧枯拉朽般抢占着土地。而这些，只是看上去平淡无奇的绿色世界中小小的插曲。

植物的世界与人类是息息相关的。小朋友们，你们知道吗，我们呼吸的每一口气，都含有植物光合作用产生的氧气；吃下去的每一口饭，都直接或间接来自植物；甚至身上穿的衣服都有可能来源于植物。大自然孕育了我们，当我们沐浴在温暖的阳光下尽情游戏的时候，是否想过要多认识一下身边不起眼的花花草草，多认识一下这个亿万年来陪伴着我们的神奇世界？

需要特别说明的是，本书涉及植物分类信息参考 APG IV 系统、多识植物百科网与 iPlant.cn 植物智平台。本书编纂完成耗时近三年，因百科知识复杂，有精选的讨论，有表达的讨论，也有排版的讨论等诸多有深度、有创意的讨论。尽管做了很多，但还有很多不足之处，敬请各位同行和读者指正。

我把这套书献给对世界充满好奇和热爱的孩子们。快来吧！走进这座大自然的博物馆，这里有很多秘密等待我们去探索哟！

李青为

中国科学院植物研究所北京植物园

目录

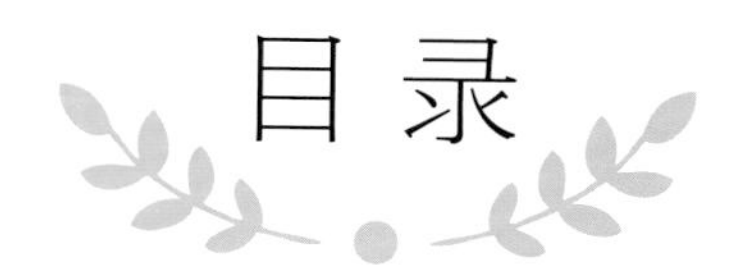

甜甜的水果

小朋友，你肯定吃过水果吧？水果的水分和糖分都很高，味道酸酸甜甜的，是富含多种维生素的植物果实。平时放在超市货架上的水果看起来琳琅满目，它们其实来自世界各地。在我国，有这样一条神奇的地理“分界线”。它由秦岭与淮河组成，这条分界线以北，就是北方地区。北方的冬季寒冷而干燥，夏季炎热而湿润。这里的水果树必须忍耐残酷的低温、霜冻，也要抗住干旱，直到雨露降临。我国的南方地区夏天高温多雨，冬天温和少雨，在这里生长的水果与北方地区的有很大区别，它们通常有着更加诱人的味道。

接下来，让我们来认识这些美味的水果吧！

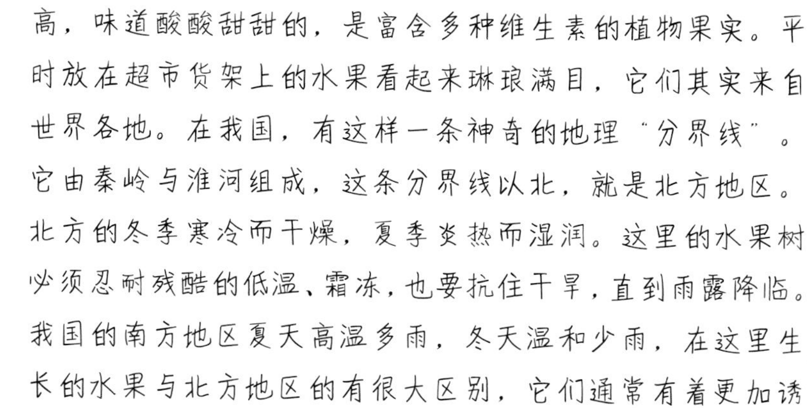

仙气飘飘的姑娘果

酸浆，木兰纲，茄科，酸浆属；草本

“小姑娘走四方，林果兼做响当当，万亩水稻稻花香。”这里的“小姑娘”可不是女孩子，而是指一类名为“姑娘”的美丽水果，它们又叫毛酸浆、菇娘，属于“酸浆属”这个大家庭。常见的姑娘果有黄、红两种颜色，“黄姑娘”最为多见，味道接近菠萝和橙子，口感酸甜，它们广泛分布于欧亚大陆。“红姑娘”更像一个土生土长的野小孩儿，味道没有那么甜，但十分漂亮，可以做装饰品。

不同颜色的姑娘果

黄色的姑娘果在水果店里更常见，口感也更好。但“红姑娘”也不简单，它们又被称作“锦灯笼”，在中国古代多部医典中都是可以入药的植物。

美好的童年时光

和妈妈一起挎着篮子在野外采摘姑娘果，那种边摘边吃的悠闲时光，多么美好！

姑娘果是小哨子

黄姑娘果在还没成熟的时候，也就是果实还是绿色时，将果实里的果瓤挤出，空空的果皮就能制成好玩的小哨子。

串一串儿冰糖葫芦

山楂，木兰纲，蔷薇科，山楂属；乔木

在寒冷的冬日街头，我们都会吃一串糖葫芦，妈妈买给你的零食里也一定少不了山楂片。没错，它们都是用“山楂”做的。但是在两千多年前，人类利用山楂树的方式主要是生火。直到 15 世纪，大家才渐渐发现山楂树结的果子酸酸甜甜也挺好吃。除此之外，山楂作为一味中药也是作用多多，有助消化、降血脂等很多功效。

山楂干能吃吗？

酸酸的山楂切成薄片晒干，可以泡水喝，也可以在煮汤的时候作为调味品添加，加了山楂的肉汤肉质会更软烂。

坚硬的核

山楂的核非常坚硬，吃完山楂记得把山楂核吐掉哟。

冰糖葫芦人人爱

你知道吗？

其实现在用来制作冰糖葫芦的不是真正的山楂，而是山楂的变种——山里红。山里红的个儿比山楂大，果肉的口感也更甜。

各种各样的苹果

苹果，木兰纲，蔷薇科，苹果属；乔木

苹果是常见的水果，它们的世界产量在水果中名列前茅。苹果的栽培历史长达数千年，它们的家族随着人类的探索而不断壮大。你一定听过“一天一苹果，医生远离我”这句话吧，苹果里确实含有丰富的维生素和矿物质，对身体很有好处。因为“苹”和“平”同音，苹果在中国文化中还有“平平安安”的寓意。

青苹果可不是没有成熟的苹果哟。

苹果里有“星星”

将一枚苹果从中间横向切开，你会发现它们的果心像一个小小的五角星。这是苹果种子居住的五个“小房间”，每个“小房间”里都住着一到两颗油亮的种子。

“患病”的苹果

“糖心苹果”最大的特点是有半透明的果核，其实它们是患了“水心病”。这种“病”不仅对人体无害，还会使果肉更加细腻。

黄香蕉不是香蕉

黄香蕉可不是香蕉哟，它们是苹果的一个品种，又叫金冠苹果、黄元帅。

脆脆的苹果干

苹果干是苹果脱水后制成的果干，酥脆爽口。小朋友们，跟爸爸妈妈尝试一下制作苹果干吧！

性格坚韧的沙棘果

沙棘，木兰纲，胡颓子科，沙棘属；灌木或小乔木

沙棘汁，即使没喝过，相信你也一定在超市里见过。可你知道沙棘长什么样吗？沙棘全身都长着坚硬的棘刺，叶片像柳叶一样，果实酸酸的，所以沙棘又叫“醋柳”。如果说植物也有品格，那么沙棘的品格就是“坚韧”，它耐干旱、耐盐碱、耐贫瘠，生命力极强，而且既可以长成低矮的小灌木，又可以长成高达几米的小乔木。由于它的根可以牢牢地抓住土壤，因此被广泛种植在干旱地区。

试试熬制沙棘果酱吧

高原风味沙棘汁

沙棘也可制成果汁或者沙棘酒。沙棘汁酸甜可口，富含维生素C和维生素E，是一种带有地域特色的独特饮品。

“生命之王”

沙棘能够在干旱的地方生长，因为沙棘的叶片“进化”成了覆盖着银色或锈色盾形鳞片或星状毛的样子，可以减少水分蒸发。

酸倒牙的沙棘果

健康的小沙棘果，每个都肉墩墩的，十分饱满。沙棘果富含多种营养成分，可它实在太酸了。如果你去西部高原旅行，见到沙棘果，别忘了给你的味蕾提提神哪！

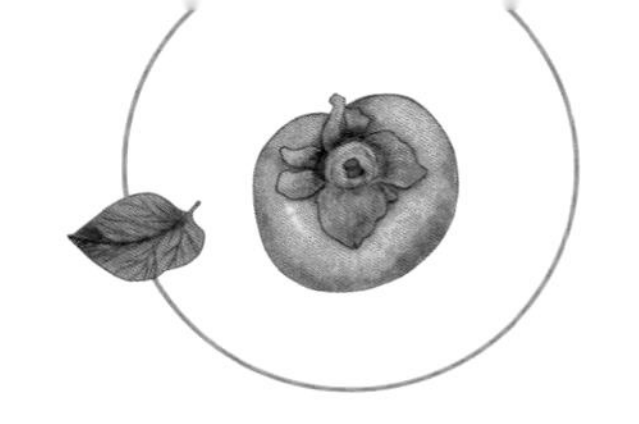

涩中有甜的柿子

柿，木兰纲，柿科，柿属；乔木

寒露过后，高高的柿子树枝上挂满了一个个橙红色的“小灯笼”，看起来美丽又馋人。但是，要想吃到脆甜的柿子，还得经过“脱涩”这个特殊步骤，以去掉它的果肉中一种叫“单宁”的物质。为了方便食用，人们培育出了清脆爽口的甜柿品种，也发明了柿子的各种别样吃法：让柿子沐浴在秋日的暖阳中，制成柿饼；在东北低温的洗礼之下，它们还会变成可口的“冻柿子”。

冬天快到来时，人们会为鸟儿留一些柿子在树上。

软糯的柿饼

柿饼的表面会形成一层“糖霜”。

为了留住柿子的甜美，人们制作出柿饼。柿饼软糯甘甜，十分美味。

吃完柿子要漱口哟

柿子吃起来甜滋滋的，因为它含糖量高，也有不少可溶性果胶。在吃完柿子后，牙缝里留下了糖和果胶，记得漱漱口哟。

制作冻柿子需要冰箱吗？

冬天晒一些柿子做成冻柿子是东北人最享受的事。在东北寒冷的冬天，只需要把柿子放到室外就能做成好吃的冻柿子哟。

“柿柿”如意

柿子外表圆溜溜，颜色金黄。我们中国人把柿子看作是吉祥的水果。要是别人送给你柿子，是在祝福你“事事如意”。

给个甜枣儿

枣，木兰纲，鼠李科，枣属；小乔木或灌木

又甜又脆的大枣我们都不陌生，除了当水果吃，枣还能制成果脯、枣泥和枣醋等，可谓是吃法多多。枣的原产国是中国，新疆是最有名的大枣产地，那里白天阳光充足，夜晚气温骤降，昼夜温差大，有利于糖分的转化和积累，使枣的口感更甜。

新晒的红枣

鲜枣是时令性水果，不适宜长期保存，所以人们会把新鲜的枣晒干以便保存。晒干后的枣就是红枣，不仅可以干吃，还能做成各种点心。

口感柔软的枣糕

许多小朋友爱吃的枣糕曾经是清朝宫廷的御用糕点，可不是一般人吃得到的呢！枣糕糕体中混合着红枣的果肉，蓬松软糯，香甜可口。不过，枣糕的含糖量也很高，一小块就能提供非常大的能量。

火眼金睛

梨枣和冬枣在颜色上有些相似，该如何区分它们呢？梨枣的个头儿比冬枣大出两三倍，看起来像一个小小的梨。另外，梨枣的表皮也没有冬枣光滑，甜度也比冬枣低。

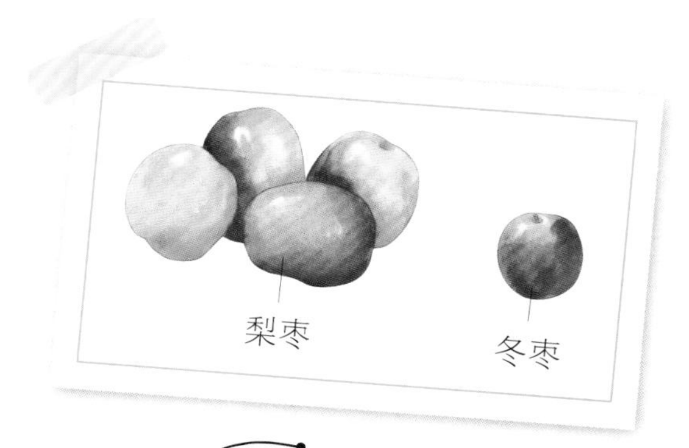

它们不是"枣"

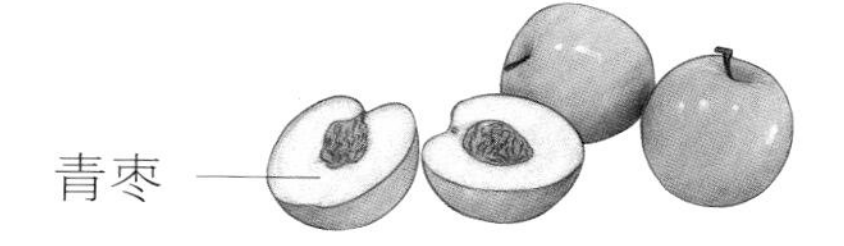

常见的黑枣、椰枣、青枣等，虽然名字里有"枣"字，其实与大枣一点儿"血缘关系"都没有哟。

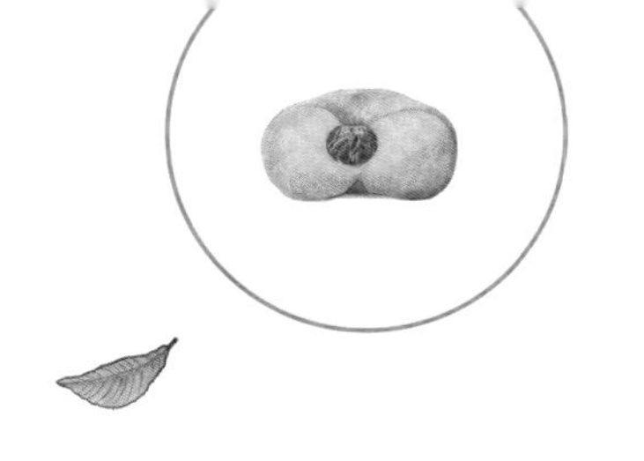

幸福感爆棚的桃子

桃，木兰纲，蔷薇科，桃属；小乔木

还记得《西游记》中孙悟空偷吃王母娘娘的蟠桃吗？不仅仅是孙悟空，桃子的香气没有人能拒绝。中国是桃子的故乡，早在远古时期我国就已有桃树种植的记载，而且桃子还是五种传统祭祀水果之一。除了自带“仙气”的蟠桃，桃子这个小家庭里还有水蜜桃、鹰嘴桃、油桃、黄桃等成员。大部分桃子表皮上都有一层绒毛，吃之前别忘了洗干净哟。

笑春风的桃花

桃花是我国文学作品里的常客，无论是《诗经》中的“桃之夭夭，灼灼其华”，还是唐诗中的“人面桃花相映红”，都能让我们感受到我国文人对桃花的喜爱。

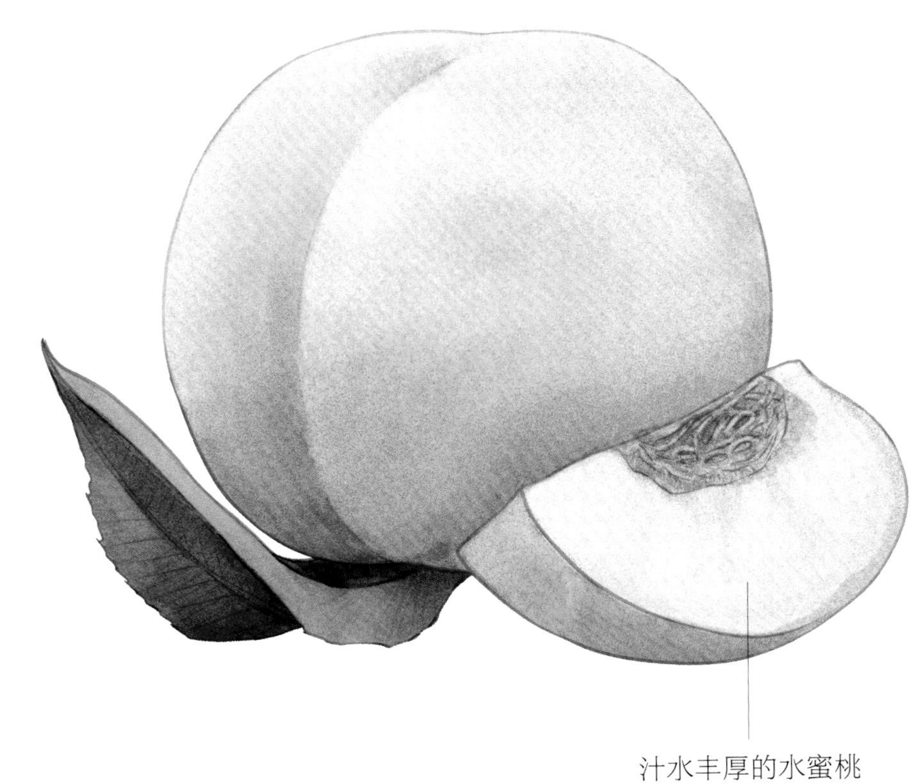

汁水丰厚的水蜜桃

扁扁的蟠桃

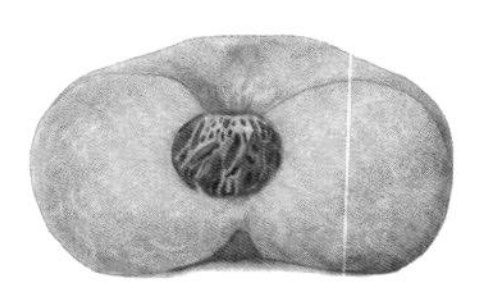

蟠桃的形状比较特别，像是被压扁了的水蜜桃，它们香气很浓，肉质紧实脆硬，十分甘甜。

桃子零食大集合

各种以桃子为原料的零食深受大家的欢迎，像桃子布丁、桃子冰棒、桃子酱等。

妩媚的石榴

石榴，木兰纲，千屈菜科，石榴属；灌木或乔木

石榴是从花朵到果实都非常漂亮的一种水果。将石榴的果实掰开，就能看到一颗颗晶莹剔透的“红宝石”，简直让人舍不得吃掉。石榴的原产地是地中海沿岸的巴尔干半岛至伊朗，2000 多年前，张骞出使西域，才将石榴带了回来。这种美味的水果现在在我国南方和北方都有种植，全国的小朋友都能吃到。

裙摆般的花朵

石榴花大多颜色嫣红，花托鼓鼓的，花瓣层层叠叠，酷似一条迷你的小裙子。

以假乱真的宝石

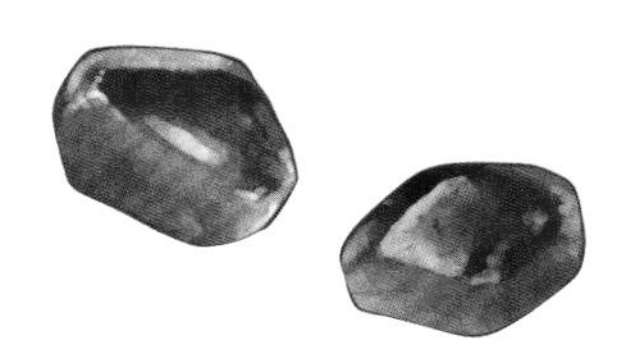

石榴的果实一粒粒的非常精致，自带天然的“切面”，有一种红色的宝石也被命名为“红榴石”。

月季石榴

当然，你可能见过有一种盆栽也叫石榴，并且结着许多可爱的迷你石榴，这是矮化培育出的石榴品种，也称“月季石榴”。它们的花期很长，自夏至秋开花不断，我们甚至能看到鲜艳的花和火红的石榴同时出现呢。

猕猴的猕猴桃

中华猕猴桃，木兰纲，猕猴桃科，猕猴桃属；藤本

猕猴桃是奇异果吗？关于名字，你可能会有些困惑。猕猴桃原产于中国，据说猕猴非常喜欢吃，所以被命名为猕猴桃。一般来说，在我国陕西省广泛种植的猕猴桃品种被称为中华猕猴桃。

红心还是黄心？

黄心猕猴桃是市面上较常见的品种，而红心猕猴桃是新品种，是中华猕猴桃中的红肉猕猴桃变种。

毛茸茸的中华猕猴桃

奇异果是猕猴桃吗？

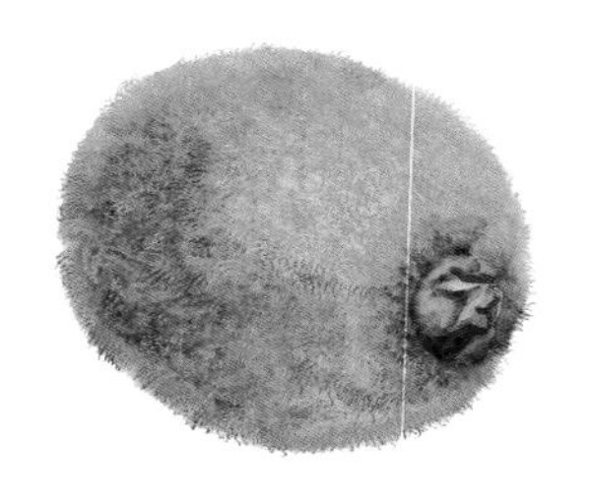

其实奇异果就是猕猴桃哟，1904年，猕猴桃被引入到了新西兰，得到改良培育，表皮的绒毛变少了，也有了个新名字叫奇异果。

可爱的猕猴桃宝宝

猕猴桃小时候浑身毛茸茸的，头上还顶着一个花蒂“遮阳帽”，其实猕猴桃宝宝可喜欢沐浴阳光了，太阳越大，猕猴桃宝宝长得越壮实！

猪八戒偷西瓜了吗？

西瓜，木兰纲，葫芦科，西瓜属；草本

还记得《西游记》中猪八戒见到西瓜直流口水的场景吗？的确，西瓜汁水饱满，水分含量高达90%，含糖量可达7%，像一个小小的糖水库。我国的西瓜年产量高居世界第一，可西瓜的故乡并不是中国，而在遥远的非洲。西瓜在传入我国后，受到人们的喜爱。在炎热的夏天吃一口西瓜，真是太惬意啦！

夏天的美味

西瓜的吃法有很多种，无论是对半切开用勺子挖着吃，还是切成小块与家人分享，都是夏天最快乐的事。

小朋友，你会挑西瓜吗？

一般来说，成熟的西瓜会更有弹性，因为它们细胞之间的空隙较大，拍上去会发出“嘭嘭”的声音。

冰镇西瓜更甜吗？

在冰箱里放过的西瓜似乎更甜了，因为西瓜中的糖分大部分为果糖，温度越低，果糖的甜度越高。因此，冰镇后的西瓜往往更加清甜爽口。

猪八戒吃西瓜

你听过“猪八戒吃西瓜”的故事吗？猪八戒在找食物的时候发现了一个大西瓜，嘴馋的他把西瓜全吃了。孙悟空为了教训八戒，变成了一块西瓜皮去捉弄八戒，八戒一路上摔了好几个跟头呢！

浑身是宝的桑葚

桑，木兰纲，桑科，桑属；灌木或乔木

蚕宝宝的食物和水果店里的桑葚来自同一种树，那就是桑树。桑树的果实叫作桑葚，是一种非常受欢迎的水果。它们呈红紫色或黑色，小小的挤成一团，像一串串迷你版的小葡萄。光是看着就让人食欲大开呢！

蚕宝宝的最爱

喂食蚕宝宝要选柔嫩一些的桑叶，给它们换新鲜桑叶时，需要用柔软的毛笔来移动它们。

你知道吗？

桑葚非常容易捏破，怎样才能把桑葚清洗干净呢？将桑葚浸泡在淘米水中片刻后，再用清水冲洗，就能洗得很干净了。

小心！桑葚能染色

桑葚中含有天然的色素，小朋友们在吃的时候不要把汁液弄到衣服上哟。

小桑葚果作用大

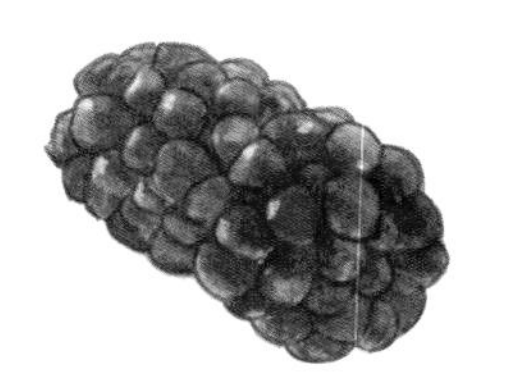

桑葚果子未成熟时呈绿色，成熟后变成红色或黑紫色，可以直接吃，也可以晒干或泡酒，做成果汁也是不错的选择哟。

可以吃的“仙人掌果实”

量天尺，木兰纲，仙人掌科，量天尺属；灌木

如果你来到火龙果种植园区，一定会目瞪口呆，一颗颗紫红色的果实就像一个个小炮弹，密密麻麻地挂在一片片肥厚的“叶子”上。这不是仙人掌吗？火龙果怎么长在仙人掌上面？其实，火龙果是仙人掌的“近亲”哟，而且它还有一个霸气的学名——“量天尺”。它的枝条向外延伸，可以长达 3~15 米，看起来就像嘻哈歌手的“脏辫”。

霸气的花朵

火龙果的花朵和昙花很像，一般晚上 8 点之后才悄然开放，第二天早上就会枯萎。不过火龙果的花花形更“奔放”，花瓣长度可达30厘米。

猜猜这是谁的蛋？

为了增加产量，火龙果田有时晚上会开灯补光，因此吸引了很多昆虫。壁虎妈妈有时会在火龙果顶端这个看起来很安全的地方产卵。下次吃火龙果之前别忘记看看，可能会收获两枚“壁虎蛋”哟。

热烈的“火球”

红心火龙果中有大量甜菜红素，会把我们的舌头染得红红的。

“蒜瓣”也是水果

莽吉柿，木兰纲，藤黄科，藤黄属；小乔木

吃过山竹的你一定对这种像蒜瓣一样的水果印象深刻。山竹虽然美味，但价格比较昂贵，这是因为山竹漂洋过海，历经万里才来到我们的身边。山竹的故乡在马鲁古，它的正式中文名为莽吉柿。而“山竹”这个名字是来源于它的树干、枝叶长得很像南方的竹子。山竹还有一个特别珍贵的地方——山竹树种植 10 年才会结出山竹，所以在吃山竹的时候，一定要珍惜哟！

“屁股”有几瓣？

山竹果肉像橘子一样是一瓣一瓣的，其实不剥开也能知道里面有几瓣哟。很简单，“屁股”裂成几瓣，这颗山竹的果肉就有几瓣。

最丑但是最美味

山竹主要分为油竹、花竹和沙竹。油竹的果皮十分油亮；花竹的果皮则是“磨砂皮”；而沙竹表面像裹了一层泥巴，看起来脏兮兮的。不过它们之中颜值最低的沙竹其实才是最美味的哟。

山竹成长记

快来看看胖嘟嘟的山竹是怎样长大的吧！

绿色“帽子”才新鲜

挑选山竹时，仔细看看像小帽子一样的萼片，如果它们是绿色的，山竹就是新鲜的。

庞大的橘子家族

柑橘，木兰纲，芸香科，柑橘属；小乔木

橘子家族成员众多，相互之间都有亲戚关系，它们大小不一、形态各异，其中大部分种类都起源于中国。香橼(yuán)、宽皮橘、柚子是这个家族的“三大元老”，你吃过的所有柑橘类水果都是它们的“后代”：橘子和柚子杂交出橙子，橙子和香橼杂交出柠檬，橙子和柚子杂交出葡萄柚……橘子家族可以说是一个关系复杂、非常热闹的水果家族。

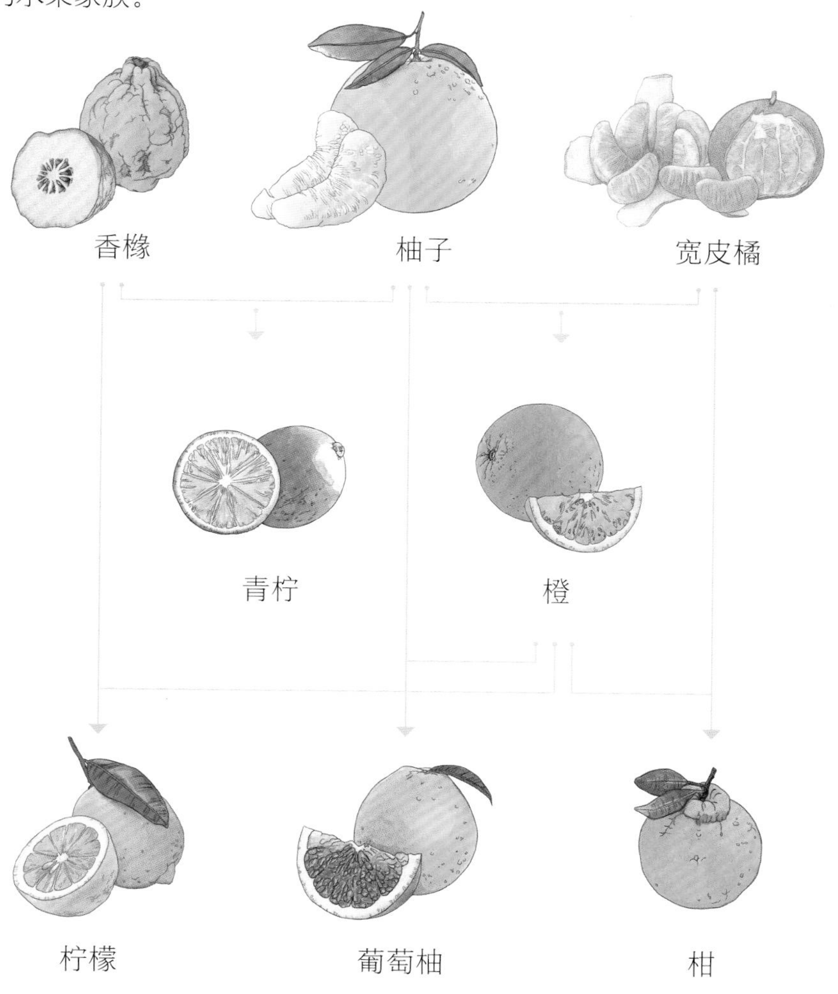

酸酸的柠檬

柠檬是酸橙和香橼的“后代”，维生素C含量丰富。不过，柠檬的味道极酸，要是不想被酸倒牙，最好还是泡柠檬水或做成果酱。

好运佛手

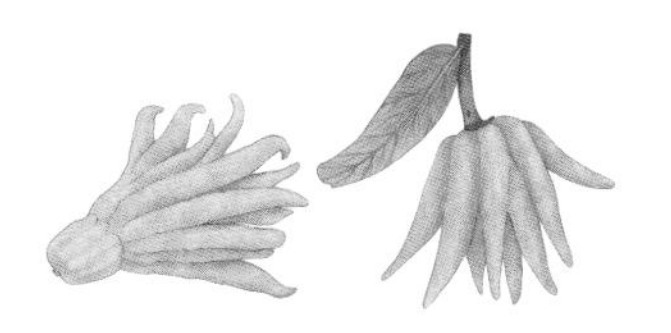

“果”如其名，佛手长得像千变万化的手，人们认为这是有福之手，能带来好运。佛手长在热带和亚热带地区，那里阳光充足、雨水充沛，佛手会长得金黄又饱满。

葡萄柚不是葡萄

葡萄柚又叫西柚，是甜橙与柚子杂交而来的，但因为葡萄柚有更多来自柚子的基因，所以它的个头也比橙子大很多。

“长生不老”人参果

人参果，木兰纲，茄科，茄属；草本

传说中吃了就可以长生不老的“人参果”，实际上是原产于南美洲的香瓜茄，它们又叫香瓜梨，20 世纪 80 年代初期才来到中国。人参果表面光滑，果皮很薄，它们成长过程中还会“换衣服”呢。小时候它们的“外衣”是白绿色，长大后则会变成橙黄色。人参果十分热爱阳光，在阳光充足时会散发类似香瓜的香气，既可以当水果直接食用，又能用来做菜。

“长生果”不能长生

还记得《西游记》中出现的人参果吗？这种弥勒佛或老寿星造型的“长生果”经常出现在水果店，别误会，它们可没有让人长生不老的魔力。其实它们只是在生长成熟过程中被套上模具，改变了形状的甜瓜。

好吃也好看

人参果的植株通常高约 1 米，看起来水灵灵的果子成熟后能在枝上足足悬挂 5~6 个月都不脱落呢。

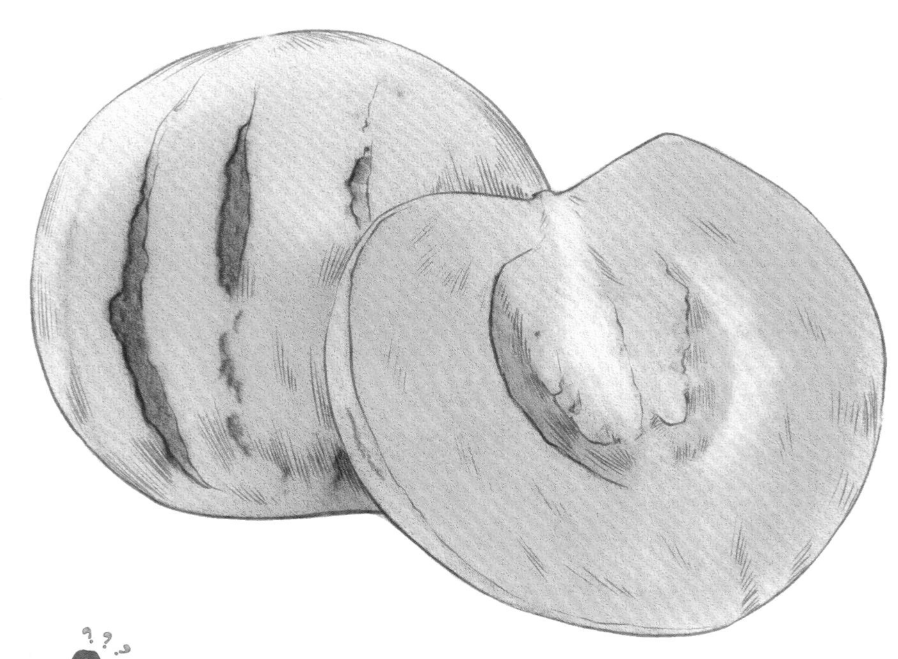

在《西游记》中，人参果是一种神奇的仙果，你还记得孙悟空一共打下来了几颗人参果吗？

你知道吗？

由于形状和人的心脏很像，所以人参果又多了一个别名——人心果。

“果汁之王”百香果

鸡蛋果，木兰纲，西番莲科，西番莲属；草质藤本

百香果真的有 100 种香味吗？还真有可能，百香果自带 40% 以上的果汁，每一滴果汁都含有上百种芳香物质，闻起来像杧果和菠萝等许多热带水果混合在一起的香味，是天然的饮料增香剂，可以与许多果汁或者菜肴搭配，能使风味更加浓郁诱人。百香果的学名叫鸡蛋果，你看它的形状和鸡蛋是不是很像呢？

来尝尝百香果吧

你能从百香果中尝出哪些水果的香味呢？

你知道吗?

百香果圆润的外形有点儿像鸡蛋，所以也被叫作“鸡蛋果”，还有另外一种热带水果叫“蛋黄果”，口感有点儿像细腻的蛋黄。它们可不是同一种水果哟。

美丽的时钟花

百香果的花朵非常漂亮。它们日出时打开花蕾，中午盛放，日落时凋零，再加上它们圆圆的像一个时钟，因此又被人称为“时钟花”。

皱巴巴的百香果更好吃

只要没有霉变，表皮干燥皱起的百香果果香反而会更加浓郁呢。

最“友好”的水果——香蕉

香蕉，木兰纲，芭蕉科，芭蕉属；草本

春、夏、秋、冬每一个季节，我们都能在超市水果区见到香蕉，这是因为香蕉只要达到足够的叶面积就能开花结果，不受季节限制。不过，每株香蕉只能开花结果一次，结果后它就会逐渐枯萎，而它的地下球茎上会萌发新芽，新芽就像香蕉树的孩子一样，会慢慢长大，开花结果。香蕉刚出生时披着青绿色的“外衣”，成熟后这件“衣服”会变成黄色。

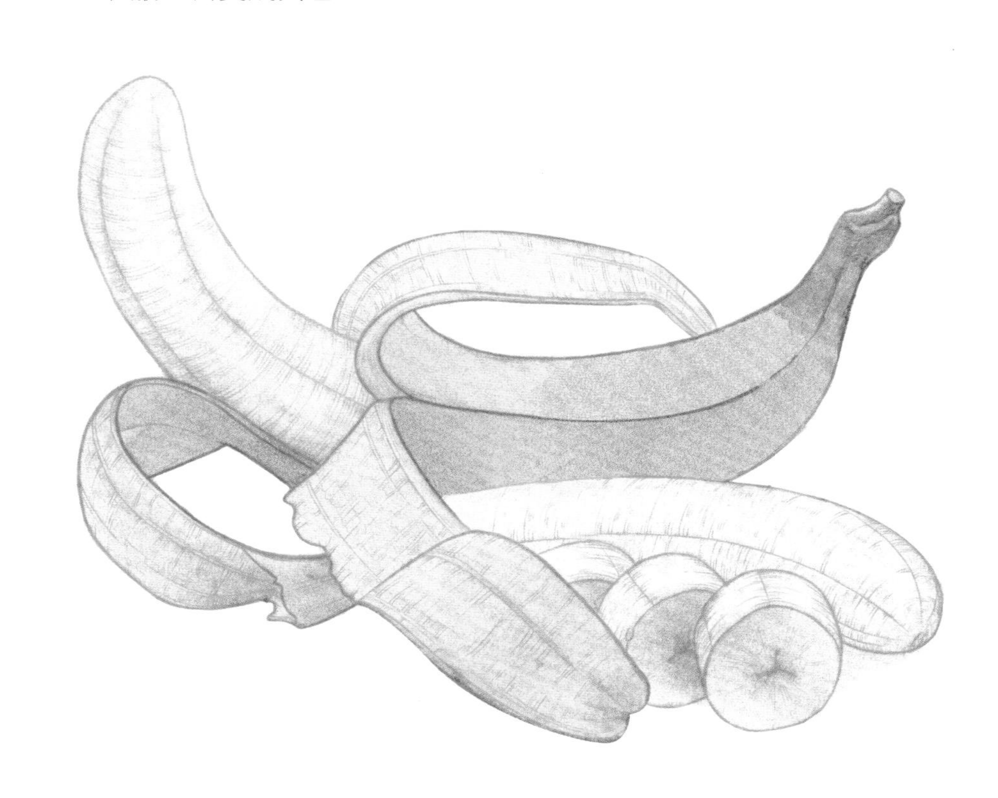

香蕉为什么是弯的？

有的“弯”香蕉是受自身遗传因子的控制，但也有的香蕉小时候不是弯的哟。

猴子爱香蕉

猴子确实很喜欢吃香蕉，因为香蕉的含糖量高，而猴子喜欢所有高糖分的食物。

不开心？
吃根香蕉吧

香蕉中含有色氨酸，在人体内可转化为血清素，血清素有助于放松身体，使人产生快乐的情绪。

圆滚滚的龙眼

龙眼，木兰纲，无患子科，龙眼属；乔木

如果龙眼这个名字对你来说有点儿陌生，你一定知道桂圆吧。其实龙眼就是干燥之前的桂圆。桂圆肉干燥而甘甜，可是在“变身”成桂圆之前，它们还成串地长在枝头，穿着比桂圆明亮得多的姜黄色“外衣”，果肉也是更加饱满的半透明状态。龙眼在我国主要生长在广西、福建等地，在交通不发达的过去，北方很难见到新鲜龙眼，所以很多小朋友对桂圆更加熟悉。

清香可人的龙眼花

龙眼花花团锦簇，散发着一股香甜的味道。每当春暖花开，忙碌的蜜蜂会飞来为龙眼花传粉。

龙眼的“亲戚”——荔枝

荔枝和龙眼在外形、口感、滋味上都相似，不过龙眼的形状更加圆滚滚，并且皮也更加硬脆。不过，它们的果肉都富含果糖，如果一次吃太多的话，会影响人体正常的糖代谢，小朋友们要注意哟。

龙眼像龙的眼睛

如果剖开一颗龙眼，白色的果肉配上圆圆的紫黑色种子，看起来真有几分像龙的眼睛呢。

枇杷还是琵琶？

枇杷，木兰纲，蔷薇科，枇杷属；小乔木

说到枇杷，我们最熟悉的可能就是“川贝枇杷膏”。其实枇杷既是一种观赏树，又是果树，它们大大的叶子呈椭圆形，跟乐器琵琶十分相像。每年的秋末冬初，枇杷树会开出洁白的小花。枇杷树的果实就是我们常吃的水果枇杷，它们是一种黄色的小果子，味道十分甜美，根据果肉的颜色可以分为红沙枇杷和白沙枇杷两大类。我们能吃到枇杷的时间很短，只有每年初夏才能吃到，所以要吃枇杷，可要抓住时机哟！

枇杷的一枚果实里有1～5枚种子，种子里含有氰化物，可以用来毒杀昆虫。

你知道吗？

用来止咳的常用药枇杷膏，入药的就是枇杷叶。但要特别注意的是，入药的是老枇杷叶，新叶和果核一样有微毒性，可不能乱吃哟。

枇杷的“进阶”吃法

枇杷除了“初级”吃法生吃，还能够制成枇杷罐头，或是煮成枇杷雪梨冰糖水。小朋友们还知道哪些枇杷的“进阶”吃法吗？

枇杷还是琵琶？

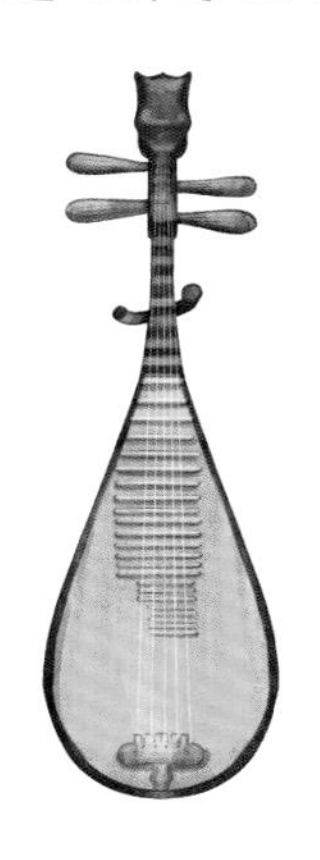

最初枇杷指的就是乐器，直到汉朝时出现了专门用来指乐器的“琵琶”二字，“枇杷”这个名称才给了这种叶子酷似琵琶的水果。

菠萝还是凤梨？

凤梨，木兰纲，凤梨科，凤梨属；草本

其实，菠萝和凤梨是同一种水果哟，只是有不同的品种之分。菠萝原产于美洲热带地区，我们现在吃到的菠萝大多来自于我国福建、广东、海南、广西等南方地区。菠萝植株低矮，没有主根，它的叶片像一根根排列整齐的长剑，叶片生长到一定数量后，叶丛中心会生出花梗，上面生长着聚合的小花，整个花序的形状像松果，“松果”最后发育成熟就是我们吃到的菠萝啦。

吃完菠萝，别忙着扔掉菠萝的“头发”，把它泡到水里，长出须根后，再移植到松软的土里，它就可以结出新的菠萝果实哟！

试试自己种菠萝吧

有用的菠萝叶

菠萝叶中含有大量的菠萝纤维，是优秀的生态纺织材料，还是大有潜力的造纸原料。

菠萝的花式吃法

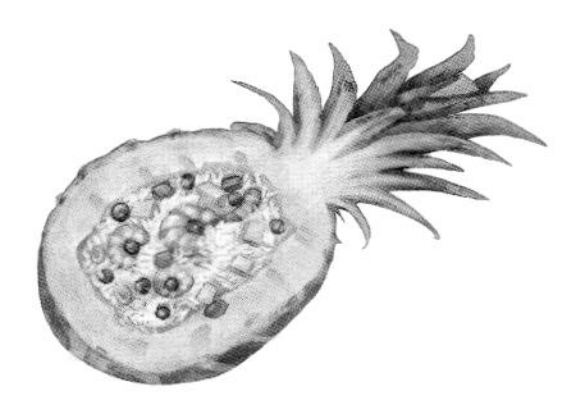

菠萝有特殊的香味，人们研究出了许多花式吃法，比如制成凤梨罐头。菠萝还可以加入菜肴中，做成菠萝咕咾肉、菠萝饭等等。

你会做菠萝冰吗？

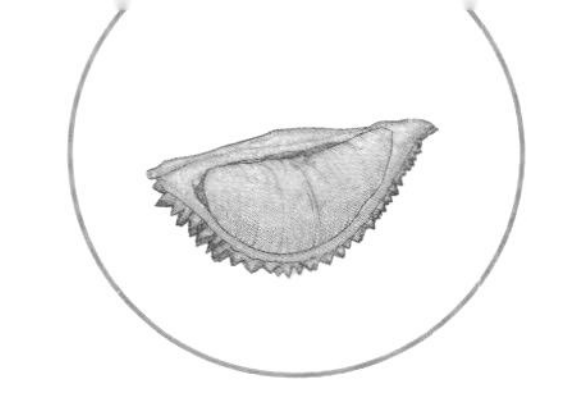

臭还是香？

榴梿，木兰纲，锦葵科，榴梿属；乔木

“好臭啊！”“哇，真香！”这竟然是对同一种水果的评价，这就是榴梿，也叫榴莲。榴梿模样古怪、气味刺鼻，有人对它退避三舍，也有人特别爱吃。在印度尼西亚、马来西亚、泰国等地，榴梿被称作“水果之王”。它长着一层坚硬的黄绿色外壳，表面布满尖刺，成熟时变成黄色。

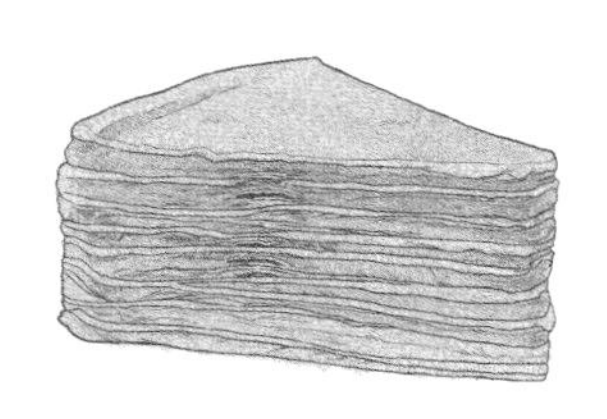

榴梿甜点

如果你暂时不习惯榴梿的味道，不妨先尝尝榴梿甜点哟！

榴梿的价格较高，因为它的生长发育很慢，而且培育过程复杂，有时还需要人工给它捆上铁丝，防止成熟后果肉爆裂出来。除此之外，沉重的壳也提高了运输成本。

榴梿为什么“臭”？

榴梿果肉的浓郁气味主要来自于可挥发性硫化物和酯类化合物，这些物质赋予了榴梿独特的香气和个性。

高大的榴梿树

榴梿树的高度可达20米以上，榴梿果实成熟后的重量也有数千克，熟透后会从高高的树枝上脱落，为了防止它们变成“凶器”砸到人，人们在培育它们时通常会用绳子缠好。

脆脆的坚果

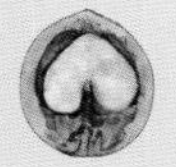

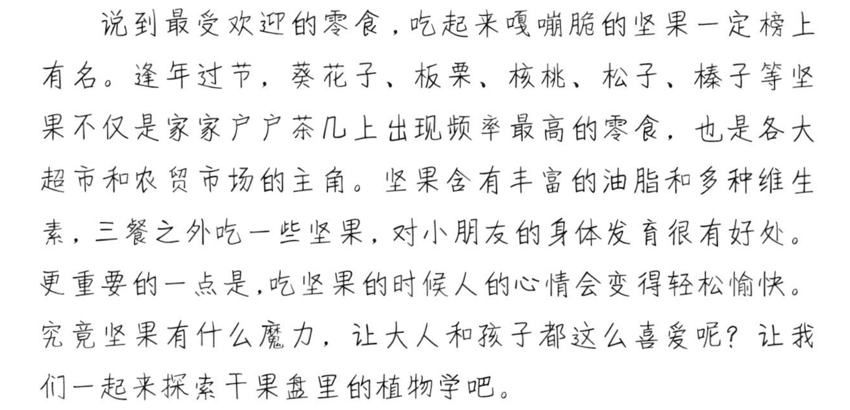

说到最受欢迎的零食，吃起来嘎嘣脆的坚果一定榜上有名。逢年过节，葵花子、板栗、核桃、松子、榛子等坚果不仅是家家户户茶几上出现频率最高的零食，也是各大超市和农贸市场的主角。坚果含有丰富的油脂和多种维生素，三餐之外吃一些坚果，对小朋友的身体发育很有好处。更重要的一点是，吃坚果的时候人的心情会变得轻松愉快。究竟坚果有什么魔力，让大人和孩子都这么喜爱呢？让我们一起来探索干果盘里的植物学吧。

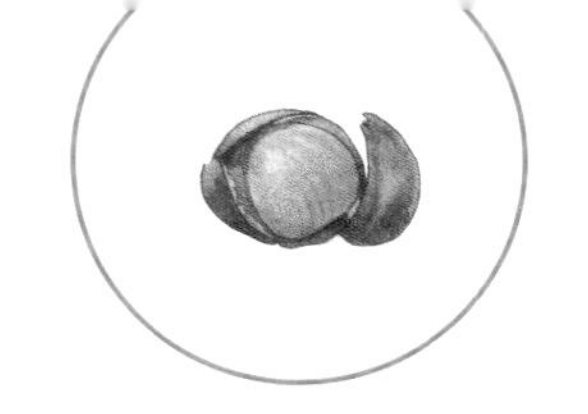

刺丛怀里的甜糯

栗，木兰纲，壳斗科，栗属；乔木

寒冷的冬天，一袋暖手又油亮的糖炒栗子，真是极大的享受！板栗有着红褐色的壳，把这层壳剥开，里面就是金黄香糯的栗仁了。你知道栗子在树上时长什么样吗？在这层硬壳之外，板栗还披着一身布满尖刺的“斗篷”呢！这身“斗篷”可以防止栗子在还没有成熟的时候被馋嘴的动物们吃掉，板栗成熟后，“斗篷”才会敞开，露出藏在里面的三枚板栗。

炒栗子的糖砂

炒栗子的过程中加糖不是为了让板栗仁的味道更甜，而是利用糖在高温下会融化的原理，黏附栗子壳上的绒毛和杂质，让外壳色泽更加光亮，受热更加均匀，还能产生一股诱人的焦香味。

古人怎样吃栗子？

古人会将栗子放在通风处，几天后，就能吃到又甜又有嚼劲的风干栗子啦。

它们也穿绿“外套”

有一种坚果在树上时也穿着绿“外套”，那就是夏威夷果。它们圆润讨喜，近乎球形的外壳上有一道机器开的口子，用专门的开果器轻轻扭开，就能吃到油脂丰富的果仁。

和小松鼠分享口粮

松树，松纲，松科，松属；乔木

松子是坚果家族里比较精致的成员，它小小的身材富含能量和营养，不仅小松鼠喜爱，人类也想采来一饱口福。松子是松树的种子，但并不是所有的松子都适合我们的味蕾。红松、华山松和白皮松等是我国主要的盛产松子的树种。

可爱的松塔

你看，松果的形状是不是像一座座小宝塔？一粒粒的小松子就藏在里面哟。

松子“快递员”

松树传播松子主要是靠像小松鼠、小鸟这样的“快递员”。冬天快到的时候，它们要为自己准备过冬口粮，松子会被它们藏到土里，有些被遗忘的松子在土里美美地睡了一个冬天，春天就会生根发芽。

小朋友，
试一试把松果掰开，
你能从里面
找到几颗松子？

当个快乐的吃“瓜”群众

向日葵，木兰纲，菊科，向日葵属；草本

瓜子是许多小朋友爱吃的小零食，嗑着瓜子，看着动画片，一不小心就会吃多了呢。瓜子的种类非常多，其中以葵花子最常见。但葵花子却不是瓜类的种子，而是向日葵的果实。南瓜和向日葵在明末传入中国，到清代，南瓜子和葵花子才终结了西瓜子的一家独大。

小小葵花子作用大

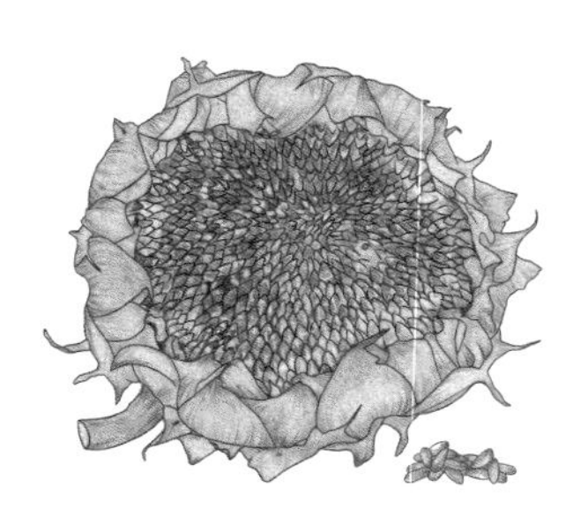

除了被加工成零食，葵花子还常被用来榨油。用来做零食和榨油的向日葵果实有什么不同呢？通常用来当零食的葵花子是黑白相间的，而榨油用的则通体黑色，个头更小更圆润。

多彩瓜子

西瓜子

南瓜子

红瓜子

葵花子

经常用来当零食的除了葵花子，还有黑色的西瓜子、白色的南瓜子和红色的红瓜子。

和家人一起嗑瓜子

皇帝也爱嗑瓜子？

早在古代，人们茶余饭后就喜欢边嗑瓜子边聊天了。不过那时的瓜子当然没有现在这么多样，以西瓜子为主。明清时期甚至有几位皇帝都是瓜子的“忠实粉丝”呢。

传说中的补脑“高手”

胡桃，木兰纲，胡桃科，胡桃属；乔木

核桃又称胡桃。高大的核桃树不仅可以种在庭院里遮阴，还是良好耐用的木材。平常我们见到的核桃都住在硬硬的外壳里，果仁像人脑一样。其实在它们小时候，身上还披着一件绿色的“外套”呢。随着小核桃身体慢慢长大，“外套”会脱落。你瞧，它们脱了“外套”的样子你是不是就很熟悉了？经常吃核桃可以补充优质不饱和脂肪酸，对小朋友的身体尤其是大脑的发育很有好处。

小朋友，你参与过打核桃吗？拿一根长长的杆子，在核桃树上“打核桃”，运气好的话收获的核桃够一家人吃好久呢。

藏在核桃里的爱心

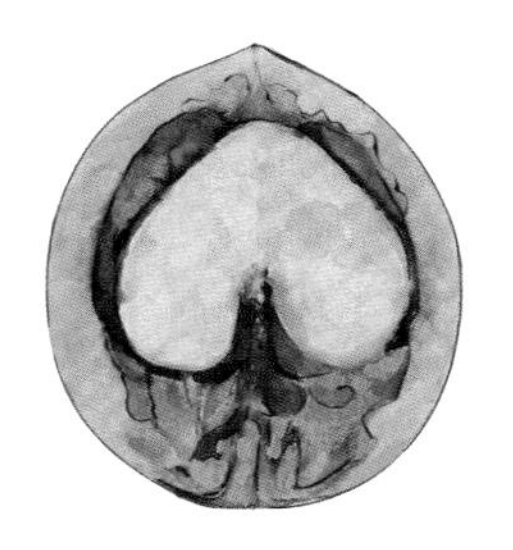

心形核桃又叫姬核桃，它们的故乡在日本，后来被我国引入。剥开一颗心形核桃，你就能收获一枚爱心哟。

打核桃的乐趣

古色古香的文玩核桃

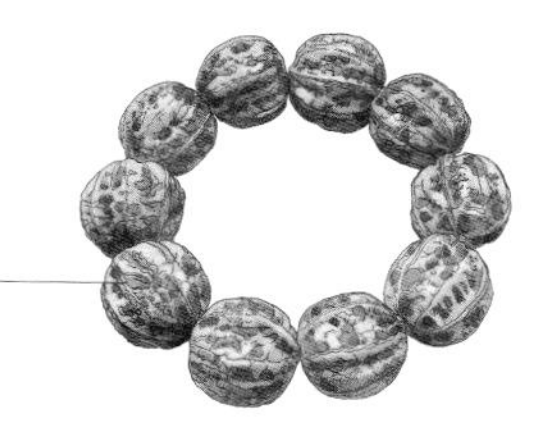

核桃中除了食用核桃，核桃家族的“颜值担当”胡桃楸（qiū）和麻核桃常常会被做成文玩和手串，有不少人喜欢把它们拿在手中把玩。注意不要把它们放在湿润的环境中，否则里面的种子可能会发芽哟！

扁长的碧根果

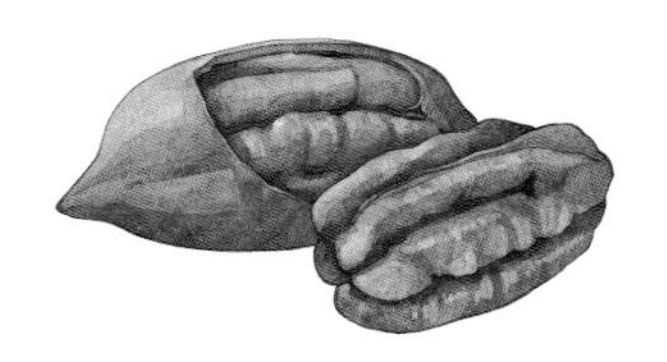

在超市里，我们还会见到一种外壳没有那么坚硬、形状扁长的“核桃”，它们其实是核桃的近亲——美国山核桃，又叫碧根果。

咧嘴而笑的开心果

阿月浑子，木兰纲，漆树科，黄连木属；乔木

开心果又叫阿月浑子，它们可以说是坚果家族中集万千宠爱于一身的成员，逢年过节或是亲朋聚会一定少不了它们的身影。其实，开心果的故乡远在叙利亚等西亚国家，俄罗斯西南部等地也是开心果的主要产区，我国的新疆地区也有栽培。虽然开心果十分美味，但有一点需要提醒小朋友以及爸爸妈妈们，开心果发霉后容易产生致癌物黄曲霉素，放了很久的开心果千万不要吃哟。

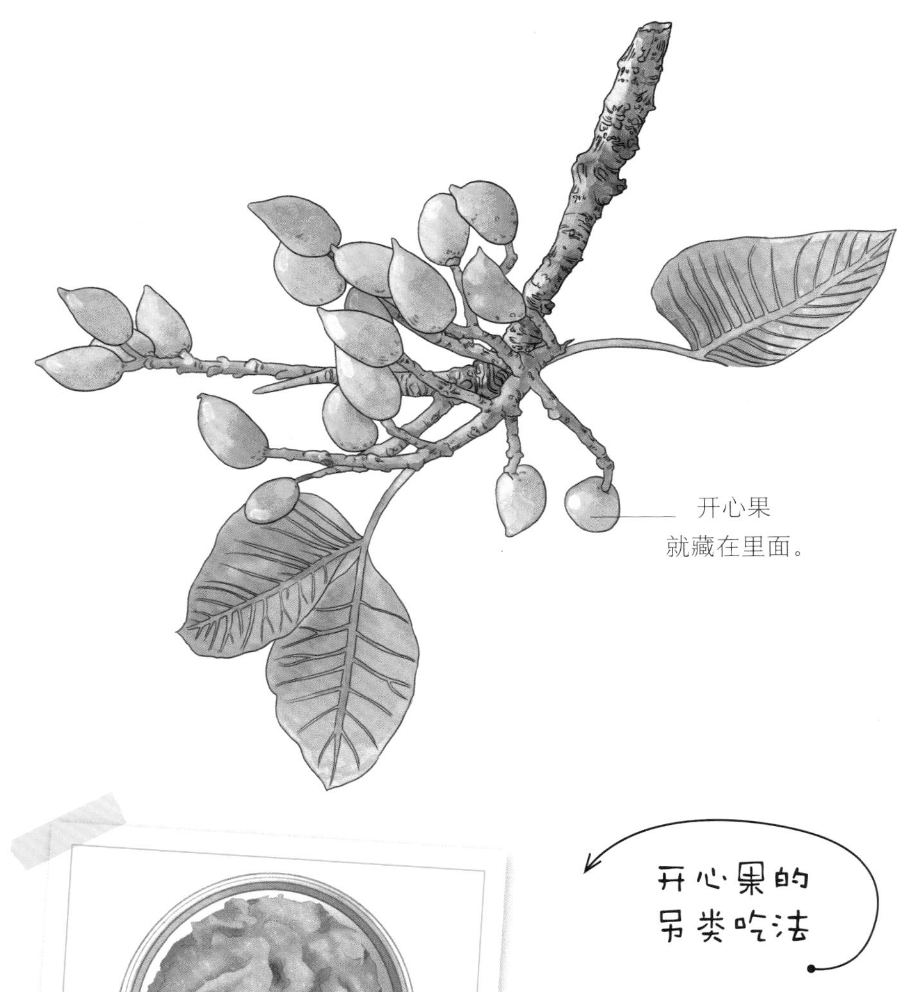

开心果壳做手工

吃完开心果，果壳也不要浪费哟，试一试用它们来做手工吧！

开心果的口是怎样开的？

有 60%~70% 的开心果在成熟之后会自然裂开，没有裂口则说明这颗开心果还在成长中，没有准备好被食用。小朋友们，你们会挑了吗？

开心果的另类吃法

除了炒干当零食吃，人们还喜欢把开心果磨成开心果酱，由于叶绿素的含量丰富，开心果酱仍然带着明显的绿色。

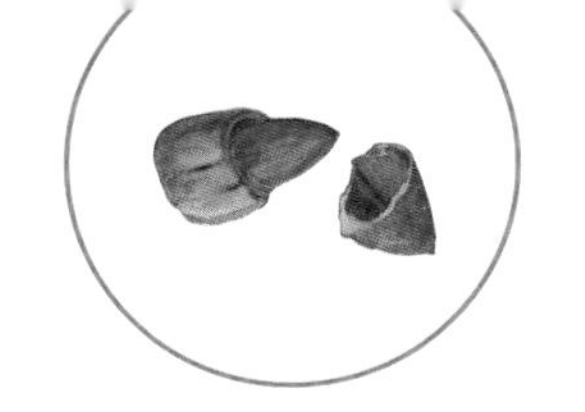

甜杏仁还是苦杏仁？

杏，木兰纲，蔷薇科，杏属；乔木

当我们吃完杏子，会得到一枚杏核，砸开木质的外壳后，里面的种子就是杏仁，但要注意，并不是所有的杏仁都能食用。杏仁分为甜杏仁和苦杏仁，我们日常食用的杏仁是甜杏仁，而苦杏仁含有一种叫苦杏仁苷的有毒物质，如果食用过量是非常危险的。所以，小朋友们如果想吃杏仁，一定要去超市购买哟。

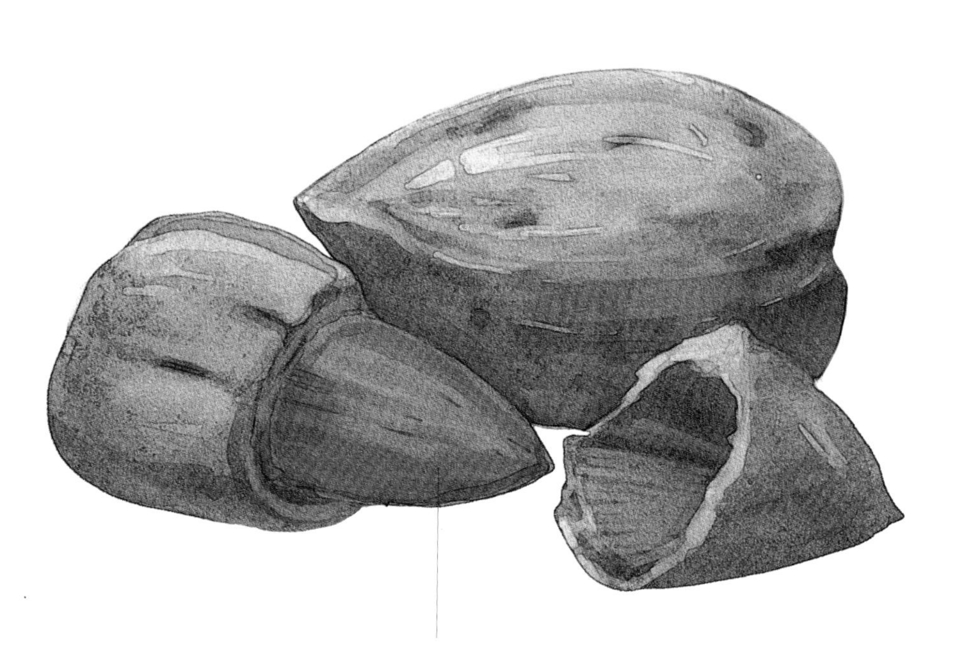

剥开又厚又硬的壳，
杏仁身上还穿着一件褐色的薄“外套”。

在入药这方面苦杏仁可是略胜甜杏仁一筹。当苦杏仁“变身”为中药材后，就有了止咳、平喘等功效。

巴旦木和杏仁是“双胞胎”？

巴旦木被称为薄壳杏仁，口感和杏仁也很像，虽然它们都是坚果家族的成员，却大有不同。巴旦木的壳更薄，而味道比杏仁更加香甜。

杏仁制品

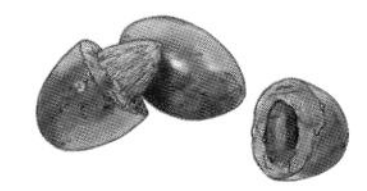

杏仁除了当坚果食用，也能加在菜肴中，比如凉拌杏仁、杏仁羹等。它们还是很多食品的重要配料，比如蛋糕、坚果巧克力等。

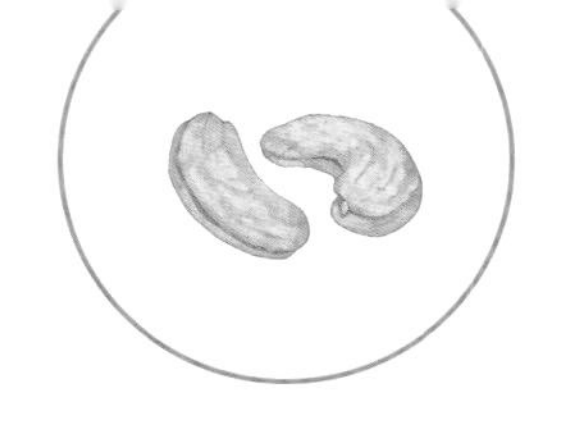

种子挂在果实外

腰果，木兰纲，漆树科，腰果属；乔木或灌木

你瞧，腰果的形状是不是很像肾脏呢？我们吃到的腰果是植物的种子，却长在“果实”的外面，是不是很神奇？这个“果实”的形状非常像梨，所以也被叫作腰果梨，腰果就挂在这种“果实”的底部。其实腰果梨是假果，叫作果托，而挂在它们外面的带壳腰果才是真果。

腰果为什么不带壳？

我们在超市里买到的腰果都不带壳，这是为什么呢？原来腰果壳是有毒的，会对人的皮肤造成侵蚀。

腰果梨是水果

在腰果的原产地巴西，腰果梨是被当作水果来销售的。腰果梨色泽鲜亮，闻起来非常香甜，维生素C的含量也很高。

腰果成长记

最初腰果会先长出肾形果实，果实上方的腰果梨则非常小，看起来很不起眼。慢慢地，腰果梨会越长越大，并且变成鲜艳的红色，这时的腰果就挂在了腰果梨的下方。

美味的饮品

大自然给人类和动物馈赠了植物作为填饱肚子的粮食，还给了人类河流和湖泊来解渴，但是，热爱美食的人类总是想探索更高级一些的美味。于是，怎样把喝的水变得更有趣、有营养，甚至更有用，成了人们在美食道路上的一大课题，从古代一直探索至今。在这条漫长的道路上，人们发明了静心凝神的茶、提神醒脑的咖啡、温暖浓郁的可可等重要的功能性饮料，这也是目前世界三大植物饮料。

茶明明是苦的，为什么这么受欢迎？咖啡果长在树上吗？可可又和巧克力有什么关系？让我们去一探究竟吧！

茶的清新

茶，木兰纲，山茶科，山茶属；灌木或小乔木

如果你还记得自己第一次喝茶的感觉，那一定不怎么美好，茶天生的淡淡苦味很难让我们第一口就爱上。但是，明明是苦涩的，茶叶为什么还这样受欢迎呢？中国是茶的故乡，中华茶文化源远流长，仅《全唐诗》中就有400余首诗是关于饮茶的呢。泡一杯热茶，细细品一品，也许你会发现它们的独特之处哟。

好一朵美丽的茉莉花

清香的茉莉花茶带着春天的美好气息。茉莉花茶是茶叶吸收茉莉花香制成的，发源于福建省福州市，历史很悠久。

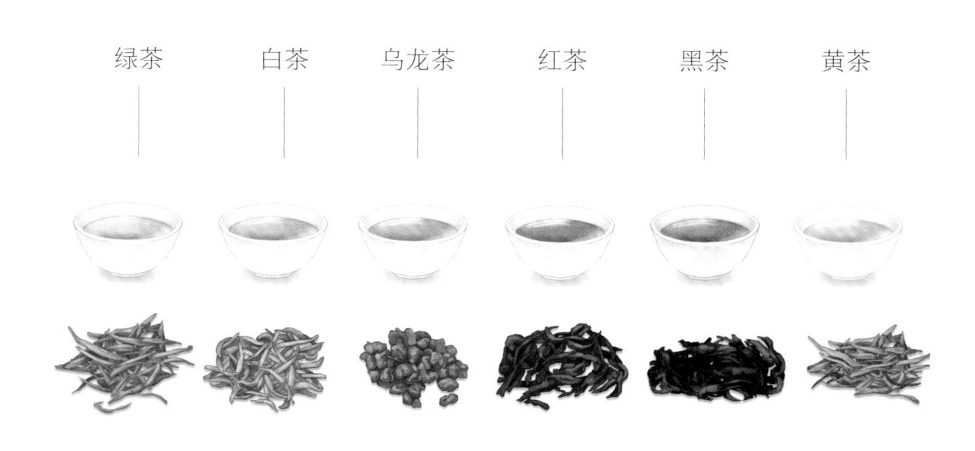

（茶叶主要分为六类：乌龙茶、红茶、绿茶、白茶、黑茶、黄茶。）

采茶忙

茶叶从茶田到茶杯，采茶是第一步。不同的茶叶采摘时间也不一样，一般有春、夏、秋、冬四个采摘季节，少部分茶区在冬季还可采摘冬茶，俗称冬片。

为爸爸妈妈泡一杯茶

茶叶也要炒一炒

茶在采摘下来后还经过了一个重要的炒制步骤，这是为了去掉茶叶的水分，阻止茶叶发酵，从而尽可能地保留茶叶的精华，这对于茶叶来说可是一场华丽的大变身哟。

来一杯热咖啡

小粒咖啡，木兰纲，茜草科，咖啡属；灌木或小乔木

午后一杯咖啡，可以帮助人们提神醒脑，提高学习和工作效率。咖啡是以烘焙后的咖啡豆为原料的，而咖啡豆是咖啡树的种子。咖啡豆经过烘焙，再配合不同的烹煮器具，能制作出不同风味的咖啡饮品，如摩卡咖啡、卡布奇诺、美式咖啡、白咖啡等。

长满“白色风车”的咖啡树

咖啡树的故乡在非洲的埃塞俄比亚。咖啡树的花瓣呈轮状排列，看起来就像会旋转的白色风车。咖啡树的果实在成熟之前其实是椭圆形的深红色浆果，里面藏着两粒种子，就是我们熟悉的咖啡豆。

可爱的拉花

烘焙过的咖啡豆

咖啡豆的烘焙分为八个等级：浅度烘焙，较深的浅度烘焙，较浅的中度烘焙，中度烘焙，较深的中度烘焙，正常的烘焙，法式烘焙，深烘焙。烘焙程度越深，咖啡豆的苦味越重。

咖啡果实是甜的？

我们都知道，咖啡的味道会有一些苦，不过在脱出咖啡豆之前，咖啡树的红色果实吃起来是甜的，甜度甚至不输西瓜哟。

可可大变身

可可，木兰纲，锦葵科，可可属；乔木

许多小朋友都喜欢喝的热可可是从哪里来的呢？答案是：可可。可可这种植物的故乡在美洲中、南部，来到我国后，它们选择了在海南和云南南部“驻扎”。可可的种子可可豆经过压榨提取后会产生可可粉，可可粉有浓郁的巧克力味，可以用来制作巧克力，也可以与热牛奶和糖一起调制成美味的热可可饮料，天气冷的时候喝一杯，既甜蜜又温暖。

彩虹般的可可果

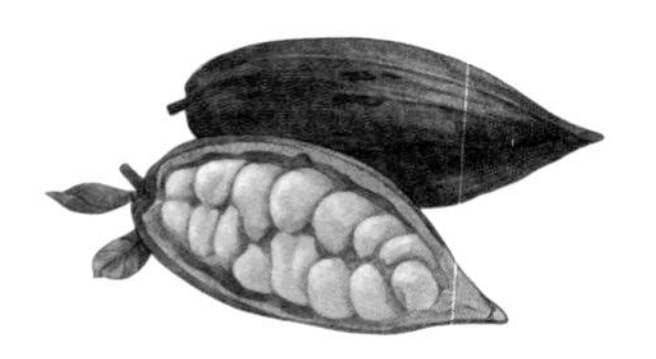

可可果胖嘟嘟的小肚子里有 20 至 40 粒的可可豆。不同品种的可可果表皮拥有不同的色彩，这是为了吸引贪吃的小动物们来吃它们，这样它们就有机会传播自己的种子了，是不是很聪明呢？

甜甜蜜蜜的巧克力

可可豆是巧克力的重要原料。经过多道工序，深受小朋友们喜爱的巧克力就闪亮登场啦！巧克力中含有苯乙胺，能够促进我们人体中多巴胺的分泌，从而产生幸福甜蜜的感觉。小朋友们，如果不开心了就去吃一口巧克力吧！

你知道吗？

巧克力丝滑的口感来源于可可果实的主要提取物之一——可可脂。可可脂熔点接近体温，入口即化，所以巧克力里面可可脂的含量越高，这种丝滑的口感就越明显。

观察笔记：花样水果沙拉

如果家里一下子买了好多种水果，这些水果每个都想吃，怎么办呢？很简单，做一份水果沙拉就可以啦！水果沙拉不仅能让我们品尝到好多种水果的味道，更有水果混合在一起的美妙香味。还等什么？快来试一试吧！

第一步：把家里的水果都拿出来，摆在桌子上。然后，拿来水果刀和水果切板，这就开启制作水果沙拉的旅程啦！

第二步：挑选几种喜欢的水果，请爸爸妈妈帮忙，把水果用水果刀切成片，或者你喜欢的形状。

第三步：可以用切好的形状摆出造型，比如乌龟、蝴蝶、椰子树等。小厨师的创意无限哟！

第四步：淋上沙拉酱。

一份美味的水果沙拉做好啦！快请家人、朋友来品尝吧！

我的观察笔记：

水果沙拉看起来很好吃，做起来也一点儿都不复杂，还能体验一下当小厨师的感觉。

观察笔记：小动物也爱吃坚果

不饱和脂肪酸是坚果最突出的营养物质，香浓的油脂味道不仅人类喜欢，小动物们对这种热量大餐更是来者不拒。

你看，动画片里的松鼠是不是对橡子情有独钟？动物园里的猩猩是不是会用石头砸核桃？还有家里养的小仓鼠，是不是会用花生米塞满整个腮帮子？

不仅仅哺乳动物，很多鸟类也以坚果为食。鹦鹉的弯钩嘴、犀鸟的大重嘴，都让它们能够便利地打开坚果坚硬的外壳，品尝到美味的果仁。

小动物们在搬运坚果的同时，也会将这些植物的种子带向远处，帮它们传播种子。你还知道哪些爱吃坚果的小动物呢？

观察笔记：茶杯里的美丽大自然

茶传播的不仅仅是一片绿色树叶的故事，也有美丽芬芳的花朵童话哟。相传，太平公主经常喝桃花茶才保持了如花的容貌。公元前，浪漫的法国人喜欢摘下鲜花，泡在茶杯里，在茶杯里享受着大自然带来的芬芳。

能作为花茶饮用的花朵有好多种，纯白清香的茉莉花，金黄灿烂的金盏花，婀娜艳丽的玫瑰花，淡雅秀丽的菊花，还有可爱甜蜜的桂花……取几粒干燥或者半干燥的花茶，置于杯中，倒上沸水，稍候片刻，大自然的美丽芬芳和优雅清香便化作杯中的一道美丽风景。有时候，加几颗冰糖，或者一点儿蜂蜜，会别有一番滋味。

如果家里来了客人，有礼貌的孩子不妨给客人斟一杯花茶。看着杯中慢慢绽放的花朵，闻着花香的味道，相信一定会让客人神清气爽！

花茶的美丽和香气，只有体验过的人才能了解其中的美妙滋味。快来尝试一下吧！

花茶虽好，
但不可多喝哟！

致谢

《藏在身边的自然博物馆》是原创的科普百科绘本，它的每一个字、每一幅画，都是“纯手工打造”。

两位主编是对科普创作抱有极大热忱的老师，长久以来，他们在各自的岗位上不遗余力地向少年儿童传播科学知识和科学精神。此次能够合作出版这系列体系庞大、知识面广泛的图书，依赖平时经验的积累，他们是希望借此触达更多孩子，启发孩子的科普兴趣，培养孩子的探索精神。

美术指导宋瑶老师带领的北京科技大学插画团队，历时 2 年多，用一笔一画描绘了大自然的鬼斧神工。

两位作者都是资深的童书作者，也是大自然的探秘者、动植物的爱好者。她们用一字一句勾勒了动物和植物的灵魂。

同时，下面这些人在《藏在身边的自然博物馆》的成功启动上起到了关键的作用。他们在科普知识的梳理上及在文字的反复雕琢上，都费尽了心血。他们有的是专门的动、植物研究人员，有的是青少年科普活动的组织者，有的是活跃在基础教育战线的实践者。在此，郑重对他们表示感谢：首都师范大学教师宋傲修， 中国科学院植物研究所博士费红红、张娇、吴学学、单章建，中国林业科学研究院硕士肖群瑶，华中农业大学博士李亚军， 北京林业大学硕士滕雨欣、学士石安琪。

《藏在身边的自然博物馆》在这样一个优秀团队的努力下，用这种图文并茂的方式呈现给小读者，希望能够激发大家观察自然、探索自然的兴趣，滋养热爱自然、保护自然的情怀。